AF360935

ÉPREUVES

DE CARACTÈRES

DE LA

FONDERIE TYPOGRAPHIQUE

DE E. CONSTANTIN FILS

(Ancienne Maison CONSTANTIN aîné)

NANCY

MEURTHE

MENTIONS HONORABLES

MÉDAILLES DE BRONZE ET D'ARGENT

AUX EXPOSITIONS

DÉPARTEMENTALES, GÉNÉRALES

ET UNIVERSELLE

SAINT-NICOLAS

près Nancy

IMPRIMERIE DE PROSPER TRENEL

1862

PARISIENNE N° 1. — CORPS 5.

Après les choses qui sont de première nécessité pour la vie, rien n'est plus précieux que les livres. L'Art Typographique, qui les produit, rend des services importants et procure des secours infinis à la société. Il sert à instruire le citoyen, à étendre le progrès des sciences et des arts, à nourrir et cultiver l'esprit, et à élever l'âme; son devoir est d'être le commissionnaire et l'interprète général de la sagesse et de la vérité; en un mot, c'est le peintre de l'esprit. On pourrait donc l'appeler par excellence l'art des arts et la science des sciences.

Avant l'invention de l'imprimerie, les hommes n'avançaient qu'à pas lents dans la carrière des sciences. Ils étaient obligés de les chercher avec des soins assidus, des veilles réitérées, et de les aller puiser jusque dans le sein de la nature même. A la vérité, plus les recherches étaient grandes, plus les lumières étaient étendues, mais aussi plus il était difficile de les transmettre à la postérité.

1 2 3 4 5 6 7 8 9 0

100 n au Décimètre.

11 Fr. le Kilog.

SAINT-NICOLAS. — IMP. P. TRENEL.

NOMPAREILLE Nº 2. — CORPS 6.

Après les choses qui sont de première nécessité pour la vie, rien n'est plus précieux que les livres. L'Art Typographique, qui les produit, rend des services importants et procure des secours infinis à la société. Il sert à instruire le citoyen, à étendre le progrès des sciences et des arts, à nourrir et cultiver l'esprit, et à élever l'âme ; son devoir est d'être le commissionnaire et l'interprète général de la sagesse et de la vérité ; en un mot, c'est le peintre de l'esprit. On pourrait donc l'appeler par excellence l'art des arts et la science des sciences.

Après une longue vie employée toute entière à l'étude et à en tracer les fruits sur le papier, un savant laisse des monuments qu'on ne pouvait répéter que par un travail long, pénible et sujet à des inconvénients fâcheux.

1 2 3 4 5 6 7 8 9 0

ITALIQUE.

Après les choses qui sont de première nécessité pour la vie, rien n'est plus précieux que les livres. L'Art Typographique, qui les produit, rend des services importants et procure des secours infinis à la société. Il sert à instruire le citoyen, à étendre le progrès des sciences et des arts.

6 Fr. le Kilog.

SAINT-NICOLAS. — IMP. P. TRENEL.

NOMPAREILLE N° 3. — CORPS 6.

Après les choses qui sont de première nécessité pour la vie, rien n'est plus précieux que les livres. L'Art Typographique, qui les produit, rend des services importants et procure des secours infinis à la société. Il sert à instruire le citoyen, à étendre le progrès des sciences et des arts, à nourrir et cultiver l'esprit, et à élever l'âme : son devoir est d'être le commissionnaire et l'interprète général de la sagesse et de la vérité ; en un mot, c'est le peintre de l'esprit. On pourrait donc l'appeler par excellence l'art des arts et la science des sciences.

Avant l'origine de l'imprimerie, les hommes n'avançaient qu'à pas lents dans la carrière des sciences. Ils étaient obligés de les chercher avec des soins assidus, des veilles réitérées, et de les aller puiser, pour ainsi dire, jusque dans le sein de la nature même. A la vérité, plus les recherches étaient grandes, plus les lumières étaient étendues, mais aussi plus il était difficile de les transmettre à la postérité.

1 2 3 4 5 6 7 8 9 0

ITALIQUE.

Après les choses qui sont de première nécessité pour la vie, rien n'est plus précieux que les livres. L'Art Typographique, qui les produit, rend des services importants et procure des secours infinis à la société. Il sert à instruire le citoyen, à étendre le progrès des sciences et des arts, à nourrir et cultiver l'esprit, et à élever l'âme.

79 n au Décimètre.

6 Fr. le Kilog.

SAINT-NICOLAS. — IMP. P. TRENEL.

MIGNONNE N° 2. — CORPS 7.

Après les choses qui sont de première nécessité pour la vie, rien n'est plus précieux que les livres. L'Art Typographique, qui les produit, rend des services importants et procure des secours infinis à la société. Il sert à instruire le citoyen, à étendre le progrès des sciences et des arts, à nourrir et cultiver l'esprit, et à élever l'âme ; son devoir est d'être le commissionnaire et l'interprète général de la sagesse et de la vérité ; en un mot, c'est le peintre de l'esprit. On pourrait donc l'appeler par excellence l'art des arts et la science des sciences.

Avant l'origine de l'imprimerie, les hommes n'avançaient qu'à pas lents dans la carrière des sciences. Ils étaient obligés de les chercher avec des soins assidus, des veilles réitérées, et de les aller puiser, pour ainsi dire, jusque dans le sein de la nature même. A la vérité, plus les recherches étaient grandes, plus les lumières étaient étendues.

1234567890

ITALIQUE.

Après les choses qui sont de première nécessité pour la vie, rien n'est plus précieux que les livres. L'Art Typographique, qui les produit, rend des services importants et procure des secours infinis à la société. Il sert à instruire le citoyen, à étendre le progrès des sciences et des arts.

85 m au Décimètre.

4 Fr. 50 le Kilog.

SAINT-NICOLAS. — IMP. P. TRENEL.

MIGNONNE Nº 3. — CORPS 7.

Après les choses qui sont de première nécessité pour la vie, rien n'est plus précieux que les livres. L'Art Typographique, qui les produit, rend des services importants et procure des secours infinis à la société. Il sert à instruire le citoyen, à étendre le progrès des sciences et des arts, à nourrir et cultiver l'esprit, et à élever l'âme : son devoir est d'être le commissionnaire et l'interprète général de la sagesse et de la vérité; en un mot, c'est le peintre de l'esprit. On pourrait donc l'appeler par excellence l'art des arts et la science des sciences.

Avant l'origine de l'imprimerie, les hommes n'avançaient qu'à pas lents dans la carrière des sciences. Ils étaient obligés de les chercher avec des soins assidus, des veilles réitérées, et de les aller puiser, pour ainsi dire, jusque dans le sein de la nature même. A la vérité, plus les recherches étaient grandes, plus les lumières étaient étendues, mais aussi plus il était difficile de les transmettre à la postérité.

1234567890

ITALIQUE.

Après les choses qui sont de première nécessité pour la vie, rien n'est plus précieux que les livres. L'art Typographique, qui les produit, rend des services importants et procure des secours infinis à la société. Il sert à instruire le citoyen, à étendre le progrès des sciences et des arts, à nourrir et cultiver l'esprit, et à élever l'âme.

65 n au Décimètre.

4 Fr. 50 le Kilog.

SAINT-NICOLAS. — IMP. P. TRENEL.

MIGNONNE N° 4. — CORPS 7.

Après les choses qui sont de première nécessité pour la vie, rien n'est plus précieux que les livres. L'Art Typographique, qui les produit, rend des services importants et procure des secours infinis à la société. Il sert à instruire le citoyen, à étendre le progrès des sciences et des arts, à nourrir et cultiver l'esprit, et à élever l'âme : son devoir est d'être le commissionnaire et l'interprète général de la sagesse et de la vérité ; en un mot, c'est le peintre de l'esprit. On pourrait donc l'appeler par excellence l'art des arts et la science des sciences.

Avant l'origine de l'imprimerie, les hommes n'avançaient qu'à pas lents dans la carrière des sciences. Ils étaient obligés de les chercher avec des soins assidus, des veilles réitérées, et de les aller puiser, pour ainsi dire, jusque dans le sein de la nature même. A la vérité, plus les recherches étaient grandes, plus les lumières étaient étendues, mais aussi plus il était difficile de les transmettre à la postérité.

ITALIQUE.

Après les choses qui sont de première nécessité pour la vie, rien n'est plus précieux que les livres. L'Art Typographique, qui les produit, rend des services importants et procure des secours infinis à la société. Il sert à instruire le citoyen, à étendre le progrès des

4 Fr. 50 le Kilog.

SAINT-NICOLAS. — IMP. P. TRENEL.

MIGNONNE N° 5. — CORPS 7.

Après les choses qui sont de première nécessité pour la vie, rien n'est plus précieux que les livres. L'Art Typographique, qui les produit, rend des services importants et procure des secours infinis à la société. Il sert à instruire le citoyen, à étendre le progrès des sciences et des arts, à nourrir et cultiver l'esprit, et à élever l'âme ; son devoir est d'être le commissionnaire et l'interprète général de la sagesse et de la vérité ; en un mot, c'est le peintre de l'esprit. On pourrait donc l'appeler par excellence l'art des arts et la science des sciences.

Avant l'origine de l'imprimerie, les hommes n'avançaient qu'à pas lents dans la carrière des sciences. Ils étaient obligés de les chercher avec des soins assidus, des veilles réitérées, et de les aller puiser, pour ainsi dire, jusque dans le sein de la nature même. A la vérité, plus les recherches étaient grandes, plus les lumières étaient étendues.

A B C D E F G H I J K L M N O P Q R S T U V X Y Z

1 2 3 4 5 6 7 8 9 0

ITALIQUE.

Après les choses qui sont de première nécessité pour la vie, rien n'est plus précieux que les livres. L'Art Typographique, qui les produit, rend des services importants et procure des secours infinis à la société. Il sert à instruire le citoyen, à étendre le progrès des

72 n au Décimètre.

4 Fr. 50 le Kilog.

SAINT-NICOLAS. — IMP. P. TRENEL.

PETIT-TEXTE N° 5. — CORPS 7 1/2.

Après les choses qui sont de première nécessité pour la vie, rien n'est plus précieux que les livres. L'Art Typographique, qui les produit, rend des services importants et procure des secours infinis à la société. Il sert à instruire le citoyen, à étendre le progrès des sciences et des arts, à nourrir et cultiver l'esprit, et à élever l'âme; son devoir est d'être le commissionnaire et l'interprète général de la sagesse et de la vérité; en un mot, c'est le peintre de l'esprit. On pourrait donc l'appeler par excellence l'art des arts et la science des sciences.

Avant l'origine de l'imprimerie, les hommes n'avançaient qu'à pas lents dans la carrière des sciences. Ils étaient obligés de les chercher avec des soins assidus, des veilles réitérés, et de les aller

1234567890

ITALIQUE.

Après les choses qui sont de première nécessité pour la vie, rien n'est plus précieux que les livres. L'Art Typographique, qui les produit, rend des services importants et procure des secours infinis à la société. Il sert à instruire le citoyen, à étendre le progrès des

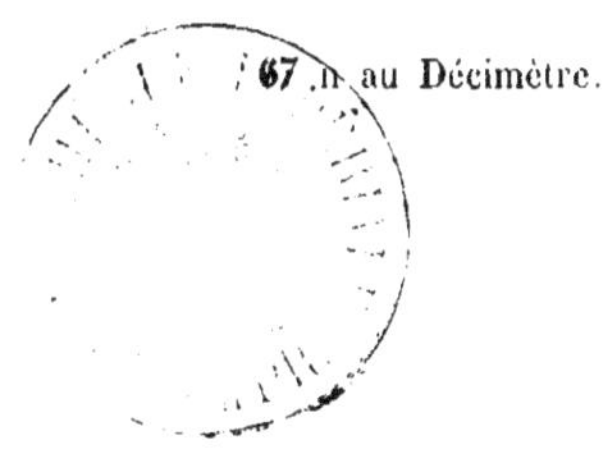

67 m. au Décimètre.

3 Fr. 80 le Kilog.

SAINT-NICOLAS. — IMP. P. TRENEL.

PETIT-TEXTE N° 6. — CORPS 7 1/2

Après les choses qui sont de première nécessité pour la vie, rien n'est plus précieux que les livres. L'Art Typographique, qui les produit, rend des services importants et procure des secours infinis à la société. Il sert à instruire le citoyen, à étendre le progrès des sciences et des arts, à nourrir et cultiver l'esprit, et à élever l'âme; son devoir est d'être le commissionnaire et l'interprète général de la sagesse et de la vérité; en un mot, c'est le peintre de l'esprit. On pourrait donc l'appeler par excellence l'art des arts et la science des sciences.

Avant l'origine de l'imprimerie, les hommes n'avançaient qu'à pas lents dans la carrière des sciences. Ils étaient obligés de les chercher avec des soins assidus, des veilles réitérées, et de les aller puiser, pour ainsi dire, jusque dans le sein de la nature même. A la vérité, plus les recherches étaient grandes, plus les lumières étaient étendues.

1234567890

ITALIQUE.

Après les choses qui sont de première nécessité pour la vie, rien n'est plus précieux que les livres. L'Art Typographique, qui les produit, rend des services importants et procure des secours infinis à la société. Il sert à instruire le citoyen, à étendre le progrès des

77 n au Décimètre.

3 Fr. 80 le Kilog.

SAINT-NICOLAS. — IMP. P. TRENEL.

PETIT-TEXTE N° 7. — CORPS 7 1/2.

Après les choses qui sont de première nécessité pour la vie, rien n'est plus précieux que les livres. L'Art Typographique, qui les produit, rend des services importants et procure des secours infinis à la société. Il sert à instruire le citoyen, à étendre le progrès des sciences et des arts, à nourrir et cultiver l'esprit, et à élever l'âme : son devoir est d'être le commissionnaire et l'interprète général de la sagesse et de la vérité ; en un mot, c'est le peintre de l'esprit. On pourrait donc l'appeler par excellence l'art des arts et la science des sciences.

Avant l'origine de l'imprimerie, les hommes n'avançaient qu'à pas lents dans la carrière des sciences. Ils étaient obligés de les chercher avec des soins assidus, des veilles réitérées, et de les aller puiser, pour ainsi dire, jusque dans le sein de la nature même.

A B C D E F G H I J K L M N O P Q R S T U V X Y Z

1 2 3 4 5 6 7 8 9 0

ITALIQUE.

Après les choses qui sont de première nécessité pour la vie, rien n'est plus précieux que les livres. L'Art Typographique, qui les produit, rend des services importants et procure des secours infinis à la société. Il sert à instruire le citoyen, à étendre le progrès des sciences et des arts.

75 n au Décimètre.

5 Fr. 80 le Kilog.

SAINT-NICOLAS. — IMP. P. TRENEL.

PETIT-TEXTE N° 8. — CORPS 7 1/2

Après les choses qui sont de première nécessité pour la vie, rien n'est plus précieux que les livres. L'Art Typographique, qui les produit, rend des services importants et procure des secours infinis à la société. Il sert à instruire la société, à étendre le progrès des sciences et des arts, à nourrir et cultiver l'esprit, et à élever l'âme ; son devoir est d'être le commissionnaire et l'interprète général de la sagesse et de la vérité ; en un mot, c'est le peintre de l'esprit. On pourrait donc l'appeler par excellence l'art des arts et la science des sciences.

Avant l'origine de l'imprimerie, les hommes n'avançaient qu'à pas lents dans la carrière des sciences. Ils étaient obligés de les chercher avec des soins assidus, des veilles réitérées, et de les aller puiser pour ainsi dire, jusque dans le sein de la nature même. A la vérité, plus les recherches étaient grandes,

NANCY. 1861.   *BAR-LE-DUC.*   METZ. 1861.

ITALIQUE.

Après les choses qui sont de première nécessité pour la vie, rien n'est plus précieux que les livres. L'Art Typographique, qui les produit, rend des services importants et procure des secours infinis à la société.

3 Fr. 80 le kilog.

SAINT-NICOLAS. — IMP. P. TRENEL.

GAILLARDE Nº 2. — CORPS 8.

Après les choses qui sont de première nécessité pour la vie, rien n'est plus précieux que les livres. L'Art Typographique, qui les produit, rend des services importants et procure des secours infinis à la société. Il sert à instruire le citoyen, à étendre le progrès des sciences et des arts, à nourrir et à cultiver l'esprit, et à élever l'âme ; son devoir est d'être le commissionnaire et l'interprète général de la sagesse et de la vérité ; en un mot, c'est le peintre de l'esprit. On pourrait donc l'appeler par excellence l'art des arts et la science des sciences.

Avant l'origine de l'imprimerie, les hommes n'avançaient qu'à pas lents dans la carrière des sciences. Ils étaient obligés de les chercher, pour ainsi dire, jusque dans le sein de la nature même.

1 2 3 4 5 6 7 8 9 0

ITALIQUE.

Après les choses qui sont de première nécessité pour la vie, rien n'est plus précieux que les livres. L'Art Typographique, qui les produit, rend des services importants et procure des secours infinis à la société.

59 n au Décimètre.

3 Fr. 50 le Kilog.

SAINT-NICOLAS. — IMP. P. TRENEL.

GAILLARDE N° 3. — CORPS 8.

Après les choses qui sont de première nécessité pour
la vie, rien n'est plus précieux que les livres. L'Art
Typographique, qui les produit, rend des services importants et procure des secours infinis à la société. Il
sert à instruire le citoyen, à étendre le progrès des
sciences et des arts, à nourrir et cultiver l'esprit, et à
élever l'âme ; son devoir est d'être le commissionnaire
et l'interprète général de la sagesse et de la vérité ; en
un mot, c'est le peintre de l'esprit. On pourrait donc
l'appeler par excellence l'art des arts et la science des
sciences.

Avant l'origine de l'imprimerie, les hommes n'avançaient qu'à pas lents dans la carrière des sciences. Ils
étaient obligés de les chercher avec des soins assidus,
des veilles réitérées, et de les aller puiser, pour ainsi
dire, jusque dans le sein de la nature même. A la vérité,
plus les recherches étaient grandes, plus les lumières
étaient étendues.

1 2 3 4 5 6 7 8 9 0

ITALIQUE.

*Après les choses qui sont de première nécessité pour
la vie, rien n'est plus précieux que les livres. L'Art Typographique, qui les produit, rend des services importants et procure des secours infinis à la société.*

55 n au Décimètre.

3 Fr. 50 le Kilog.

SAINT-NICOLAS. — IMP. P. TRENEL.

GAILLARDE N° 5. — CORPS 8.

Après les choses qui sont de première nécessité pour la vie, rien n'est plus précieux que les livres. L'Art Typographique, qui les produit, rend des services importants et procure des secours infinis à la société. Il sert à instruire le citoyen, à nourrir et cultiver l'esprit, et à élever l'âme ; son devoir est d'être le commissionnaire et l'interprète général de la sagesse et de la vérité ; en un mot, c'est le peintre de l'esprit. On pourrait donc l'appeler par excellence l'art des arts et la science des sciences.

Avant l'invention de l'imprimerie, les hommes n'avançaient qu'à pas lents dans la carrière des sciences. Ils étaient obligés de les chercher avec des soins assidus, des veilles réitérées, de les aller puiser, pour ainsi dire, jusque dans le sein de la nature même. A la vérité, plus les recherches étaient grandes, plus les lumières étaient étendues.

1 2 3 4 5 6 7 8 9 0

ITALIQUE.

Après les choses qui sont de première nécessité pour la vie, rien n'est plus précieux que les livres. L'Art Typographique, qui les produit, rend des services importants et procure des secours infinis à la société. Il sert à instruire le citoyen, à étendre le progrès des arts et des sciences.

56 n au Décimètre.

3 Fr. 50 le Kilog.

SAINT-NICOLAS. — IMP. P. TRENEL.

GAILLARDE N° 7. — CORPS 8.

Après les choses qui sont de première nécessité pour la vie, rien n'est plus précieux que les livres. L'Art Typographique, qui les produit, rend des services importants et procure des secours infinis à la société. Il sert à instruire le citoyen, à étendre le progrès des sciences et des arts, à nourrir et cultiver l'esprit, et à élever l'âme : son devoir est d'être le commissionnaire et l'interprète général de la sagesse et de la vérité ; en un mot, c'est le peintre de l'esprit.

Avant l'origine de l'imprimerie, les hommes n'avançaient qu'à pas lents dans la carrière des sciences. Ils étaient obligés de les chercher avec des soins assidus, des veilles réitérées, et de les aller puiser pour ainsi dire, jusque dans le sein de la nature même.

A B C D E F G H I J K L M N O P Q R S T U V X Y Z

1 2 3 4 5 6 7 8 9 0

ITALIQUE.

Après les choses qui sont de première nécessité pour la vie, rien n'est plus précieux que les livres. L'Art Typographique, qui les produit, rend des services importants et procure des secours infinis à la société. Il sert à instruire le citoyen, à étendre le progrès des sciences et des arts.

62 n au Décimètre.

3 Fr. 50 le Kilog.

SAINT-NICOLAS. — IMP. P. TRENEL.

GAILLARDE N° 8. — CORPS 8.

Après les choses qui sont de première nécessité pour la vie, rien n'est plus précieux que les livres. L'Art Typographique, qui les produit, rend des services importants et procure des secours infinis à la société. Il sert à instruire le citoyen, à étendre le progrès des sciences et des arts, à nourrir et cultiver l'esprit, et à élever l'âme.

Avant l'origine de l'imprimerie, les hommes n'avançaient qu'à pas lents dans la carrière des sciences. Ils étaient obligés de les chercher avec des soins assidus, des veilles réitérées, et de les aller puiser, pour ainsi dire, jusque dans le sein de la nature même.

A B C D E F G H I J K L M N O P Q R S T U V X Y Z

1 2 3 4 5 6 7 8 9 0

ITALIQUE.

Après les choses qui sont de première nécessité pour la vie, rien n'est plus précieux que les livres. L'Art Typographique, qui les produit, rend des services importants et procure des secours infinis à la société.

56 n au Décimètre.

3 Fr. 50 le Kilog.

SAINT-NICOLAS. — IMP. P. TRENEL.

PETIT-ROMAIN N° 3. — CORPS 9.

Après les choses qui sont de première nécessité pour la vie, rien n'est plus précieux que les livres. L'Art Typographique, qui les produit, rend des services importants et procure des secours infinis à la société. Il sert à instruire le citoyen, à étendre le progrès des sciences et des arts, à nourrir et cultiver l'esprit, et à élever l'âme; son devoir est d'être le commissionnaire et l'interprète général de la sagesse et de la vérité; en un mot, c'est le peintre de l'esprit. On pourrait donc l'appeler par excellence l'art des arts et la science des sciences.

Avant l'origine de l'imprimerie, les hommes n'avançaient qu'à pas lents dans la carrière des sciences. Ils étaient obligés de les chercher avec des soins assidus, des veilles réitérées, et de les aller puiser, pour ainsi dire, jusque dans le sein de la nature même. A la vérité, plus les recherches étaient grandes, plus les lumières étaient étendues.

1 2 3 4 5 6 7 8 9 0

ITALIQUE.

Après les choses qui sont de première nécessité pour la vie, rien n'est plus précieux que les livres. L'Art Typographique, qui les produit, rend des services importants et procure des secours infinis à la société. Il sert à instruire

57 n au Décimètre.

3 Fr. le Kilog.

SAINT-NICOLAS. — IMP. P. TRENEL.

PETIT-ROMAIN N° 4. — CORPS 9.

Après les choses qui sont de première nécessité pour la vie, rien n'est plus précieux que les livres. L'art Typographique, qui les produit, rend des services importants et procure des secours infinis à la société. Il sert à instruire le citoyen, à étendre le progrès des sciences et des arts, à nourrir et cultiver l'esprit, et à élever l'âme : son devoir est d'être le commissionnaire et l'interprète général de la sagesse et de la vérité; en un mot, c'est le peintre de l'esprit. On pourrait donc l'appeler par excellence l'art des arts et la science des sciences.

Avant l'origine de l'imprimerie, les hommes n'avançaient qu'à pas lents dans la carrière des sciences. Ils étaient obligés de les chercher avec des soins assidus, des veilles réitérées, et de les aller puiser, pour ainsi

1 2 3 4 5 6 7 8 9 0

ITALIQUE.

Après les choses qui sont de première nécessité pour la vie, rien n'est plus précieux que les livres. L'Art Typographique, qui les produit, rend des services importants et procure des secours infinis à la société.

55 n au Décimètre.

———

3 Fr. le Kilog.

SAINT-NICOLAS. — IMP. P. TRENEL.

PETIT-ROMAIN N° 5. — CORPS 9.

Après les choses qui sont de première nécessité pour
la vie, rien n'est plus précieux que les livres. L'Art Ty-
POGRAPHIQUE, qui les produit, rend des services importants et procure des secours infinis à la société. Il sert
à instruire le citoyen, à étendre le progrès des sciences
et des arts, à nourrir et cultiver l'esprit, et à élever
l'âme; son devoir est d'être le commissionnaire et l'interprète général de la sagesse et de la vérité; en un
mot, c'est le peintre de l'esprit. On pourrait donc l'appeler par excellence l'art des arts et la science des
sciences.

Avant l'origine de l'imprimerie, les hommes n'avançaient qu'à pas lents dans la carrière des sciences. Ils
étaient obligés de les chercher avec des soins assidus,
des veilles réitérées, et de les aller puiser, pour ainsi

1234567890.

ITALIQUE.

*Après les choses qui sont de première nécessité pour la
vie, rien n'est plus précieux que les livres. L'Art Typographique, qui les produit, rend des services importants et
procure des secours infinis à la société.*

55 n au Décimètre.

3 Fr. le Kilog.

SAINT-NICOLAS. — IMP. P. TRENEL.

PETIT-ROMAIN Nº 7. — CORPS 9.

Après les choses qui sont de première nécessité pour la vie, rien n'est plus précieux que les livres. L'Art Typographique, qui les produit, rend des services importants et procure des secours infinis à la société. Il sert à instruire le citoyen, à étendre le progrès des sciences et des arts, à nourrir et cultiver l'esprit, et à élever l'âme : son devoir est d'être le commissionnaire et l'interprète général de la sagesse et de la vérité ; en un mot, c'est le peintre de l'esprit. On pourrait donc l'appeler par excellence l'art des arts et la science des sciences.

Avant l'origine de l'imprimerie, les hommes n'avançaient qu'à pas lents dans la carrière des sciences. Ils étaient obligés de les chercher avec des soins assidus, des veilles réitérées, et de les aller puiser, pour ainsi dire, jusque dans le sein de la nature même.

1 2 3 4 5 6 7 8 9 0

ITALIQUE.

Après les choses qui sont de première nécessité pour la vie, rien n'est plus précieux que les livres. L'Art Typographique, qui les produit, rend des services importants et procure des secours infinis à la société.

1 2 3 4 5 6 7 8 9 0

3 Fr. le Kilog.

SAINT-NICOLAS. — IMP. P. TRENEL.

PETIT-ROMAIN N° 8. — CORPS 9.

Après les choses qui sont de première nécessité pour la vie, rien n'est plus précieux que les livres. L'Art Typographique, qui les produit, rend des services importants et procure des secours infinis à la société. Il sert à instruire le citoyen, à étendre le progrès des sciences et des arts, à nourrir et cultiver l'esprit, et à élever l'âme : son devoir est d'être le commissionnaire et l'interprète général de la sagesse et de la vérité ; en un mot, c'est le peintre de l'esprit. On pourrait donc l'appeler par excellence l'art des arts et la science des sciences.

Avant l'origine de l'imprimerie, les hommes n'avançaient qu'à pas lents dans la carrière des sciences. Ils étaient obligés de les chercher avec des soins assidus, des veilles réitérées, et de les aller puiser, pour ainsi dire, jusque dans le sein de la nature même.

1 2 3 4 5 6 7 8 9 0

Après les choses qui sont de première nécessité pour la vie, rien n'est plus précieux que les livres. L'Art Typographique, qui les produit, rend des services importants et procure des secours infinis à la société.

3 Fr. le Kilog.

SAINT-NICOLAS. — IMP. P. TRENEL.

PHILOSOPHIE N° 9. — CORPS 10.

Après les choses qui sont de première nécessité
Pour la vie, rien n'est plus précieux que les livres.
L'Art Typographique, qui les produit, rend des services importants et procure des secours infinis à la
société. Il sert à instruire le citoyen, à étendre le
progrès des sciences et des arts, à nourrir et cultiver
l'esprit, et à élever l'âme; son devoir est d'être le
commissionnaire et l'interprète général de la sagesse
et de la vérité; en un mot, c'est le peintre de l'esprit.
On pourrait donc l'appeler par excellence l'art des
arts et la science des sciences.

Avant l'origine de l'imprimerie, les hommes n'a-
vançaient qu'à pas lents dans la carrière des sciences.
Ils étaient obligés de les chercher avec des soins
assidus, des veilles réitérées, et de les aller puiser,
pour ainsi dire, jusque dans le sein de la nature
même. A la vérité, plus les recherches étaient
grandes, plus les lumières étaient étendues.

1 2 3 4 5 6 7 8 9 0.

ITALIQUE.

Après les choses qui sont de première nécessité
pour la vie, rien n'est plus précieux que les livres.
L'Art Typographique, qui les produit, rend des ser-

48 n au Décimètre.

———

2 Fr. 80 le Kilog.

PETIT-ROMAIN N° 10. — CORPS 9.

Après les choses qui sont de première nécessité pour la vie, rien n'est plus précieux que les livres. L'Art Typographique, qui les produit, rend des services importants et procure des secours infinis à la société. Il sert à instruire le citoyen, à étendre le progrès des sciences et des arts, à nourrir et cultiver l'esprit : son devoir est d'être le commissionnaire et l'interprète général de la sagesse et de la vérité ; en un mot, c'est le peintre de l'esprit. On pourrait donc l'appeler par excellence l'art des arts et la science des sciences.

Avant l'origine de l'imprimerie, les hommes ne marchaient qu'à pas lents dans la carrière des sciences. Ils étaient obligés de les chercher avec des soins assidus, des veilles réitérées, et de les puiser, pour ainsi dire dans le sein de la nature même.

A B C D E F G H I J K L M N O P Q R S T U V X Y Z

1 2 3 4 5 6 7 8 9 0

ITALIQUE.

Après les choses qui sont de première nécessité pour la vie, rien n'est plus précieux que les livres. L'art Typographique, qui les produit, rend des services importants et procure des secours infinis à la société. Il sert à instruire le citoyen, à étendre le progrès des sciences.

54 n au Décimètre.

3 Fr. le Kilog.

SAINT-NICOLAS. — IMP. P. TRENEL.

PETIT-ROMAIN N° 11. — CORPS 9.

Après les choses qui sont de première nécessité pour la vie, rien n'est plus précieux que les livres. L'Art Typographique, qui les produit, rend des services importants et procure des secours infinis à la société. Il sert à instruire le citoyen, à étendre le progrès des sciences et des arts, à nourrir et cultiver l'esprit, et à élever l'âme : son devoir est d'être le commissionnaire et l'interprète général de la sagesse et de la vérité; en un mot, c'est le peintre de l'esprit.

Avant l'origine de l'imprimerie, les hommes n'avançaient qu'à pas lents dans la carrière des sciences. Ils étaient obligés de les chercher avec des soins assidus, des veilles réitérées, et de les aller puiser pour ainsi dire, jusque dans le sein de la nature même.

A B C D E F G H I J K L M N O P Q R S T U V X Y Z

1 2 3 4 5 6 7 8 9 0

ITALIQUE.

Après les choses qui sont de première nécessité pour la vie, rien n'est plus précieux que les livres. L'Art Typographique, qui les produit, rend des services importants et procure des secours infinis à la société. Il sert à instruire le citoyen, à étendre le progrès des sciences et des arts.

1 2 3 4 5 6 7 8 9 0.

52 n au Décimètre.

3 Fr. le Kilog.

SAINT-NICOLAS. — IMP. P. TRENEL.

PHILOSOPHIE N° 2. — CORPS 10.

Après les choses qui sont de première nécessité pour la vie, rien n'est plus précieux que les livres. L'Art Typographique, qui les produit, rend des services importants et procure des secours infinis à la société. Il sert à instruire le citoyen, à étendre le progrès des sciences et des arts, à nourrir et cultiver l'esprit, et à élever l'âme ; son devoir est d'être le commissionnaire et l'interprète général de la sagesse et de la vérité ; en un mot, c'est le peintre de l'esprit. On pourrait donc l'appeler par excellence l'art des arts et la science des sciences.

Avant l'origine de l'imprimerie, les hommes n'avançaient qu'à pas lents dans la carrière des sciences. Ils étaient obligés de les chercher avec

1 2 3 4 5 6 7 8 9 0

ITALIQUE.

Après les choses qui sont de première nécessité pour la vie, rien n'est plus précieux que les livres. L'Art Typographique, qui les produit, rend des services importants à la société. Il sert à instruire

54 n au Décimètre.

———————

2 Fr. 80 le Kilog.

SAINT-NICOLAS. — IMP. P. TRENEL.

PHILOSOPHIE N° 3. — CORPS 10.

Après les choses qui sont de première nécessité pour la vie, rien n'est plus précieux que les livres. L'art TYPOGRAPHIQUE, qui les produit, rend des services importants et procure des secours infinis à la société. Il sert à instruire le citoyen, à étendre le progrès des sciences et des arts, à nourrir l'esprit, et à élever l'âme; son devoir est d'être le commissionnaire et l'interprète général de la sagesse et de la vérité; en un mot c'est le peintre de l'esprit. On pourrait donc l'appeler par excellence l'art des arts et la science des sciences.

Avant l'origine de l'imprimerie, les hommes n'avançaient qu'à pas lents dans la carrière des sciences. Ils étaient obligés d'aller les chercher avec des soins assidus, des veilles réitérées, et de les aller puiser, pour ainsi dire, jusque dans le sein

1 2 3 4 5 6 7 8 9 0.

ITALIQUE.

Après les choses qui sont de première nécessité pour la vie, rien n'est plus précieux que les livres. L'art Typographique, qui les produit, rend des services importants à la société.

47 n au Décimètre.

———

2 Fr. 80 le Kilog.

PHILOSOPHIE N° 4. — CORPS 10.

Après les choses qui sont de première nécessité pour la vie, rien n'est plus précieux que les livres. L'Art Typographique, qui les produit, rend des services importants et procure des secours infinis à la société. Il sert à instruire le citoyen, à étendre le progrès des sciences et des arts, à nourrir et cultiver l'esprit, et à élever l'âme; son devoir est d'être le commissionnaire et l'interprète général de la sagesse et de la vérité; en un mot, c'est le peintre de l'esprit. On pourrait donc l'appeler par excellence l'art des arts et la science des sciences.

Avant l'origine de l'imprimerie, les hommes n'avançaient qu'à pas lents dans la carrière des sciences. Ils étaient obligés de les chercher avec des soins assidus, des veilles réitérées, et de les aller puiser, pour ainsi dire, jusque dans le sein de la nature même. À la vérité, plus les recherches étaient grandes, plus les lumières étaient étendues.

1 2 3 4 5 6 7 8 9 0.

ITALIQUE.

Après les choses qui sont de première nécessité pour la vie, rien n'est plus précieux que les livres. L'Art Typographique, qui les produit, rend des services importants et procure des secours infinis à la société. Il sert

55 n au Décimètre.

2 Fr. 80 le Kilog.

SAINT-NICOLAS. — IMP. P. TRENEL.

PETIT-ROMAIN N° 5. — CORPS 9.

Après les choses qui sont de première nécessité pour la vie, rien n'est plus précieux que les livres. L'Art Ty-POGRAPHIQUE, qui les produit, rend des services impor-tants et procure des secours infinis à la société. Il sert à instruire le citoyen, à étendre le progrès des sciences et des arts, à nourrir et cultiver l'esprit, et à élever l'âme; son devoir est d'être le commissionnaire et l'in-terprète général de la sagesse et de la vérité; en un mot, c'est le peintre de l'esprit. On pourrait donc l'ap-peler par excellence l'art des arts et la science des sciences.

Avant l'origine de l'imprimerie, les hommes n'avan-çaient qu'à pas lents dans la carrière des sciences. Ils étaient obligés de les chercher avec des soins assidus, des veilles réitérées, et de les aller puiser, pour ainsi

1 2 3 4 5 6 7 8 9 0.

ITALIQUE.

Après les choses qui sont de première nécessité pour la vie, rien n'est plus précieux que les livres. L'Art Typogra-phique, qui les produit, rend des services importants et procure des secours infinis à la société.

55 n au Décimètre.

---

3 Fr. le Kilog.

SAINT-NICOLAS. — IMP. P. TRENEL.

PHILOSOPHIE N° 6. — CORPS 10.

Après les choses qui sont de première nécessité pour la vie, rien n'est plus précieux que les livres. L'Art TYPOGRAPHIQUE, qui les produit, rend des services importants et procure des secours infinis à la société. Il sert à instruire le citoyen, à étendre le progrès des sciences et des arts, à nourrir et cultiver l'esprit, et à élever l'âme : son devoir est d'être le commissionnaire et l'interprète général de la sagesse et de la vérité ; en un mot, c'est le peintre de l'esprit.

Avant l'origine de l'imprimerie, les hommes n'avançaient qu'à pas lents dans la carrière des sciences. Ils étaient obligés de les chercher avec des soins assidus, des veilles réitérées, et de les aller puiser pour ainsi dire, jusque dans le sein de la nature même.

ABCDEFGHIJKLMNOPQRSTUVXYZ

1 2 3 4 5 6 7 8 9 0

ITALIQUE.

Après les choses qui sont de première nécessité pour la vie, rien n'est plus précieux que les livres. L'Art Typographique, qui les produit, rend des services importants et procure des secours infinis à la société.

56 n au Décimètre.

2 Fr. 80 le Kilog.

SAINT-NICOLAS. — IMP. P. TRENEL.

PHILOSOPHIE N° 8. — CORPS 10.

Après les choses qui sont de première nécessité pour la vie, rien n'est plus précieux que les livres. L'Art Typographique, qui les produit, rend des services importants et procure des secours infinis à la société. Il sert à instruire le citoyen, à étendre le progrès des sciences et des arts, à nourrir et cultiver l'esprit, et à élever l'âme ; son devoir est d'être le commissionnaire et l'interprète général de la sagesse et de la vérité ; en un mot, c'est le peintre de l'esprit. On pourrait donc l'appeler par excellence l'art des arts, et la science des sciences.

Avant l'origine de l'imprimerie, les hommes n'avançaient qu'à pas lents dans la carrière des sciences. Ils étaient obligés de les chercher avec des soins assidus, des veilles réitérées, et de les aller puiser

1 2 3 4 5 6 7 8 9 0.

ITALIQUE.

Après les choses qui sont de première nécessité pour la vie, rien n'est plus précieux que les livres. L'Art Typographique, qui les produit, rend des services importants et procure des secours infinis à

50 n au Décimètre.

———

2 Fr. 80 le Kilog.

SAINT-NICOLAS. — IMP. P. TRENEL.

PHILOSOPHIE Nº 9. — CORPS 10.

Après les choses qui sont de première nécessité
Pour la vie, rien n'est plus précieux que les livres.
L'Art Typographique, qui les produit, rend des services importants et procure des secours infinis à la
société. Il sert à instruire le citoyen, à étendre le
progrès des sciences et des arts, à nourrir et cultiver
l'esprit, et à élever l'âme; son devoir est d'être le
commissionnaire et l'interprète général de la sagesse
et de la vérité; en un mot, c'est le peintre de l'esprit.
On pourrait donc l'appeler par excellence l'art des
arts et la science des sciences.

Avant l'origine de l'imprimerie, les hommes n'a-
vançaient qu'à pas lents dans la carrière des sciences.
Ils étaient obligés de les chercher avec des soins
assidus, des veilles réitérées, et de les aller puiser,
pour ainsi dire, jusque dans le sein de la nature
même. A la vérité, plus les recherches étaient
grandes, plus les lumières étaient étendues.

1 2 3 4 5 6 7 8 9 0.

ITALIQUE.

*Après les choses qui sont de première nécessité
pour la vie, rien n'est plus précieux que les livres.
L'Art Typographique, qui les produit, rend des ser-*

48 n au Décimètre.

2 Fr. 80 le Kilog.

PHILOSOPHIE Nº 10. — CORPS 10.

Après les choses qui sont de première nécessité pour la vie, rien n'est plus précieux que les livres. L'Art Typographique, qui les produit, rend des services importants et procure des secours infinis à la société. Il sert à instruire le citoyen, à étendre le progrès des sciences et des arts, à nourrir et cultiver l'esprit, et à élever l'âme : son devoir est d'être le commissionnaire et l'interprète général de la sagesse et de la vérité; en un mot, c'est le peintre de l'esprit.

Avant l'origine de l'imprimerie, les hommes n'avançaient qu'à pas lents dans la carrière des sciences. Ils étaient obligés de les chercher avec des soins assidus, des veilles réitérées, et de les aller puiser pour ainsi dire, jusque dans le sein de la nature même.

A B C D E F G H I J K L M N O P Q R S T U V X Y Z

1 2 3 4 5 6 7 8 9 0 .

ITALIQUE.

Après les choses qui sont de première nécessité pour la vie, rien n'est plus précieux que les livres. L'Art Typographique, qui les produit, rend des services importants et procure des secours infinis à la société.

51 n au Décimètre.

---

2 Fr. 80 le Kilog.

ONZE ORDINAIRE, N° 5.

Après les choses qui sont de première nécessité pour la vie, rien n'est plus précieux que les
livres. L'Art Typographique, qui les produit, rend
des services importants et procure des secours
infinis à la société. Il sert à instruire le citoyen,
à étendre le progrès des sciences et des arts, à
nourrir et cultiver l'esprit : son devoir est d'être
le commissionnaire et l'interprète général de la
sagesse et de la vérité ; en un mot, c'est le
peintre de l'esprit. On pourrait donc l'appeler
par excellence l'art des arts et la science des
sciences.

Avant l'origine de l'imprimerie, les hommes
ne marchaient qu'à pas lents dans la carrière
des sciences. Ils étaient obligés de les chercher
avec des soins assidus, des veilles réitérées.

ABCDEFGHIJKLMNOPQRSTUVXYZ

ITALIQUE.

*Après les choses qui sont de première néces-
sité pour la vie, rien n'est plus précieux que les
livres. L'Art Typographique, qui les produit,
rend des services importants et procure des secours infinis à la société.*

1 2 3 4 5 6 7 8 9 0

45 n au Décimètre.

Prix du kilo : 2 fr. 60

CICÉRO Nº 6. — CORPS 11.

Quousque tandem abutere, Catilina, patientia nostra? quamdiu nos etiam furor iste tuus eludet? quem ad finem sese effrenata jactabit audacia? nihilne te nocturnum præsidium palatii, nihil urbis vigiliæ, nihil timor populi, nihil consensus bonorum omnium, nihil horum ora vultusque moverunt? patere tua concilia non sentis? constrictam jam omnium horum convocaveris, quid concilii ceperis, quem nostrum ignorare arbitraris? O tempora, o mores, Senatus

REPONSE PRESERVER RONCOSCO

1 2 3 4 5 6 7 8 9 0

ITALIQUE.

Après les choses qui sont de première nécessité pour la vie, rien n'est plus précieux que les livres. L'Art Typographique, qui les produit, rend des services importants et procure des secours infinis à la société.

2 Fr. 60 le Kilog.

SAINT-NICOLAS. — IMP. P. TRENEL.

SAINT-AUGUSTIN N° 2. — CORPS 12.

Après les choses qui sont de première nécessité pour la vie, rien n'est plus précieux que les livres. L'Art Typographique, qui les produit, rend des services importants et procure des secours infinis à la société. Il sert à instruire le citoyen, à étendre le progrès des sciences et des arts, à nourrir et cultiver l'esprit, et à élever l'âme; son devoir est d'être le commissionnaire et l'interprète général de la sagesse et de la vérité; en un mot, c'est le peintre de l'esprit.

1234567890.

ITALIQUE.

Après les choses qui sont de première nécessité pour la vie, rien n'est plus précieux que les livres. L'Art Typographique, qui les produit, rend des services

. 55 n au Décimètre.

2 Fr. 50 le Kilog.

SAINT-AUGUSTIN, N° 3. — CORPS 12.

Après les choses qui sont de première nécessité pour la vie, rien n'est plus précieux que les livres. L'Art Typographique, qui les produit, rend des services importants et procure des secours infinis à la société. Il sert à instruire le citoyen, à étendre le progrès des sciences et des arts, à nourrir et cultiver l'esprit.

Avant l'origine de l'imprimerie, les hommes ne marchaient qu'à pas lents dans la carrière des sciences. Ils étaient obligés de les chercher avec des soins assidus.

ABCDEFGHIJKLMNOPQRSTUVXYZ

1 2 3 4 5 6 7 8 9 0

ITALIQUE.

Après les choses qui sont de première nécessité pour la vie, rien n'est plus précieux que les livres. L'Art Typographique, qui les produit, rend des services importants et procure des secours infinis à la société.

43 n au Décimètre.

———

2 Fr. 50 le Kilog.

SAINT-AUGUSTIN, N° 4. — CORPS 12.

Après les choses qui sont de première nécessité pour la vie, rien n'est plus précieux que les livres. L'Art Typographique, qui les produit, rend des services importants et procure des secours infinis à la société. Il sert à instruire le citoyen, à étendre le progrès des sciences.

Avant l'origine de l'imprimerie, les hommes n'avançaient qu'à pas lents dans la carrière des sciences. Ils étaient obligés de les chercher avec des soins assidus, des veilles réitérées, et de les aller puiser pour ainsi dire, jusque dans le sein de la nature même.

1 2 3 4 5 6 7 8 9 0

ITALIQUE.

Après les choses qui sont de première nécessité pour la vie, rien n'est plus précieux que les livres. L'Art Typographique, qui les produit, rend des services importants et procure des secours infinis à la société.

30 n au Décimètre.

2 Fr. 50 le Kilog.

SAINT-NICOLAS. — IMP. P. TRENEL.

Après les choses qui sont de première nécessité pour la vie, rien n'est plus précieux que les livres. L'Art Typographique, qui les produit, rend des services importants et procure des secours infinis à la société.

Après les choses qui sont de première nécessité pour la vie, rien n'est plus précieux que les livres. L'Art Typographique, qui les produit

Londres 1861.

2 Fr. 10 le Kilog.

SAINT-NICOLAS. — IMP. P. TRENEL.

SEIZE ORDINAIRE, N° 3.

Après les choses qui sont de première nécessité pour la vie, rien n'est plus précieux que les livres. L'Art Typographique, qui les

Avant l'origine de l'imprimerie, les hommes ne marchaient qu'à pas lents dans la carrière des

ITALIQUE.

Après les choses qui sont de première nécessité pour la vie, rien n'est plus précieux que les livres.

1 2 3 4 5 6 7 8 9 0

2 Fr. 40 le Kilog.

SAINT-NICOLAS. — IMP. P. TRENEL.

GROS PARANGON N° 2.

CORPS VINGT-DEUX.

Après les choses qui sont de première nécessité pour la vie, rien n'est plus

ITALIQUE.

Après les choses qui sont de première

1 3 4 5 6 7 8 9 0.

2 Fr. 25 le Kilog.

VINGT–QUATRE.

Après les choses qui sont de première nécessité pour la vie, rien n'est
plus précieux que les livres.

ITALIQUE.

Après les choses qui sont de pre-

1234567890.

2 Fr. 20 le Kilog.

SAINT-NICOLAS. — IMP. P. TRENEL.

PETIT - CANON N° 5,

CORPS VINGT-QUATRE.

Après les choses qui sont de première nécessité pour la vie, rien n'est plus précieux que les

ITALIQUE.

Après les choses qui sont de première 1234567890

2 Fr. 20 le Kilog.

TRENTE-SIX.

Après les choses qui sont
de première nécessité pour

ITALIQUE.

Après les choses qui sont

2 Fr. 15 le Kilog.

GROS CANON N° 2

CORPS QUARANTE.

Après les choses qui
sont de première néc

ITALIQUE.

Après les choses qui

2 Fr. 05 le Kilog.

QUARANTE-QUATRE.

Après les choses qui sont de première néce

ITALIQUE.

Après les choses qui

2 Fr. le Kilog.

SAINT-NICOLAS. — IMP. P. TRENEL.